《建筑工程建筑面积计算规范》图解

中国建设工程造价管理协会　编

中国计划出版社

图书在版编目（ＣＩＰ）数据

《建筑工程建筑面积计算规范》图解/中国建设工程造价管理协会编. — 2 版. —北京：中国计划出版社，2015.6（2022.8 重印）

ISBN 978-7-5182-0145-7

Ⅰ.①建… Ⅱ.①中… Ⅲ.①建筑面积－计算－规范－图解 Ⅳ.①TU723－65

中国版本图书馆 CIP 数据核字（2015）第 089396 号

《建筑工程建筑面积计算规范》图解
中国建设工程造价管理协会　编

中国计划出版社出版发行
网址：www.jhpress.com
地址：北京市西城区木樨地北里甲 11 号国宏大厦 C 座 3 层
邮政编码：100038　电话：（010）63906433（发行部）
三河富华印刷包装有限公司印刷

850mm×1168mm　1/32　2.25 印张　54 千字
2015 年 6 月第 2 版　2022 年 8 月第 9 次印刷
印数 50001—54000 册

ISBN 978-7-5182-0145-7
定价：18.00 元

《建筑工程建筑面积计算规范》图解

编审人员名单

策　　划: 吴佐民

编　　写: 张向荣　杨海欧　席小刚　张红娜
　　　　　陈　东　王立群　邱　岩

审　　定: 吴佐民

前　　言

　　建筑面积的计算是工程计量最基础的工作,它在工程建设中起着非常重要的作用。首先,在工程建设的众多技术经济指标中,大多以建筑面积为基数,它是核定工程估算、概算、预算的一个重要基础数据,是计算和确定工程造价,并分析工程造价和工程设计合理性的一个基础指标;其次,建筑面积是国家进行建设工程数据统计、固定资产宏观调控的重要指标;再次,建筑面积还是房地产交易、工程承发包交易、建筑工程有关运营费用核定等的一个关键指标。因此,建筑面积的计算不仅是工程计价的需要,也在加强建设工程科学管理、促进社会和谐等方面起着非常重要的作用。

　　我国的《建筑面积计算规则》是在 20 世纪 70 年代制定的。1982 年国家经委对该规则进行了修订。1995 年原建设部发布了《全国统一建设工程工程量计算规则》(土建工程 GJD$_{Gz}$—101—95),其中第二章为"建筑面积计算规则",该规则是对 1982 年的《建筑面积计算规则》进行的再次修订。2005 年原建设部以国家标准的形式发布了《建筑工程建筑面积计算规范》GB/T 50353—2005。2013年,中华人民共和国住房和城乡建设部在总结 2005 年版《建筑工程建筑面积计算规范》实施情况的基础上,针对建筑发展中出现的新结构、新材料、新技术、新施工工艺而产生的面积计算问题,对建筑面积的计算范围和计算方法进行了修改、统一和完善,发布了《建筑工程建筑面积计算规范》GB/T 50353—2013。

　　《建筑工程建筑面积计算规范》GB/T 50353—2013 修订的主要技术内容包括:①增加了建筑物架空层的面积计算规定,取消了深基础架空层;②取消了有永久性顶盖的面积计算的规定,增加了无围护结构有围护设施的面积计算规定;③修订了落地橱窗、门斗、挑廊、走廊、檐廊的面积计算规定;④增加了凸(飘)窗的建筑面积计算要求;⑤修订了围护结构不垂直于水平面而超出底板外沿的建筑物的面积计算规定;⑥删除了原室外楼梯强调的有永久性顶盖的面积计算要求;⑦修订了阳台的面积计算规定;⑧修订了外保温层的面积计算规定;⑨修订了设备层、管道层的面积计算规定;⑩增加了门廊的面积计算规定;⑪增加了有顶盖的采光井的面积计算规定。

鉴于建筑面积的计量在工程计价中的重要性,为了便于造价工程师和造价员尽快理解和掌握《建筑工程建筑面积计算规范》GB/T 50353—2005,中国建设工程造价管理协会(以下简称中价协)在 2006 年编制了《图释建筑工程建筑面积计算规范》,这是首次以图例的形式来讲解《建筑工程建筑面积计算规范》,在此基础上,2009 年中价协又出版了《建筑工程建筑面积计算规范图解》,对《建筑工程建筑面积计算规范》GB/T 50353—2005 进行了详细的图解说明。鉴于《建筑工程建筑面积计算规范》GB/T 50353—2013 的修订完善,中价协又重新对新规范进行了梳理研究,对 2009 年版《建筑工程建筑面积计算规范图解》进行了修订,完成本书。

本书可作为造价工程师、造价员的继续教育或其工作的参考用书。由于作者水平有限,所用图例难免有不当之处,请各位读者提出宝贵意见和建议,并及时反馈给中国建设工程造价管理协会(北京市西城区百万庄大街 22 号 2 号楼 7 层,邮政编码:100037)。

中国建设工程造价管理协会
2015 年 3 月

目　次

1 总　　则

1.0.1　为规范工业与民用建筑工程建设全过程的建筑面积计算，统一计算方法，制定本规范。

1.0.2　本规范适用于新建、扩建、改建的工业与民用建筑工程建设全过程的建筑面积计算。

1.0.3　建筑工程的建筑面积计算，除应符合本规范外，尚应符合国家现行有关标准的规定。

2 术 语

2.0.1 建筑面积 construction area

建筑物(包括墙体)所形成的楼地面面积。

[注] 建筑面积包括附属于建筑物的室外阳台、雨篷、檐廊、室外走廊、室外楼梯等的面积。

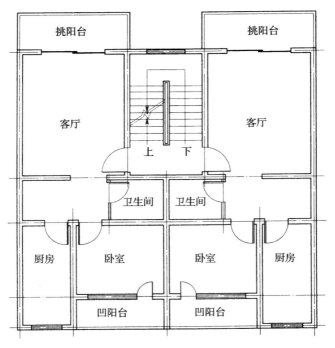

图 2.0.1 建筑面积示意图

2.0.2 自然层 floor

按楼地面结构分层的楼层。

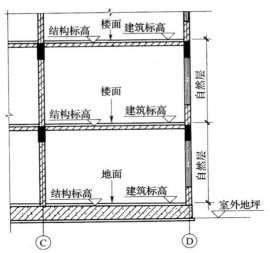

图 2.0.2 自然层示意图

2.0.3 结构层高 structure story height

楼面或地面结构层上表面至上部结构层上表面之间的垂直距离。

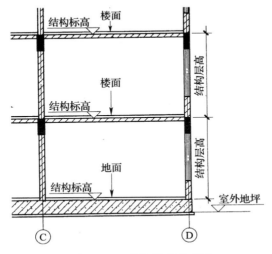

图 2.0.3 结构层高示意图

2.0.4 围护结构 building enclosure

围合建筑空间的墙体、门、窗。

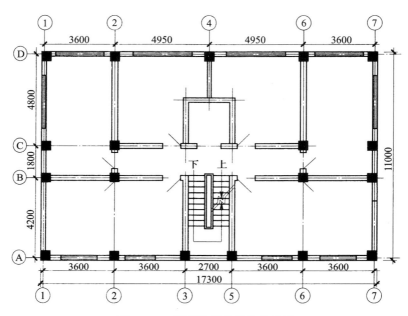

图 2.0.4 建筑物围护结构示意图

2.0.5 建筑空间 space

以建筑界面限定的、供人们生活和活动的场所。

[注] 具备可出入、可利用条件(设计中可能标明了使用用途,也可能没有标明使用用途或使用用途不明确)的围合空间,均属于建筑空间。

2.0.6 结构净高 structure net height

楼面或地面结构层上表面至上部结构层下表面之间的垂直距离。

2.0.7 围护设施 enclosure facilities

为保障安全而设置的栏杆、栏板等围挡。

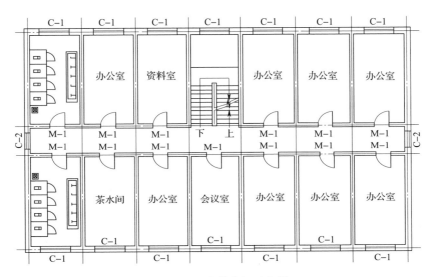

图 2.0.5 建筑空间示意图

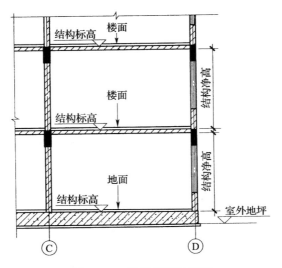

图 2.0.6 结构净高示意图

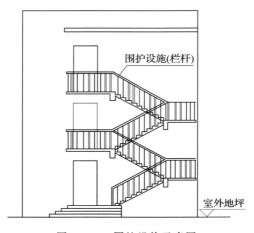

图 2.0.7 围护设施示意图

2.0.8 地下室 basement

室内地平面低于室外地平面的高度超过室内净高的 1/2 的房间。

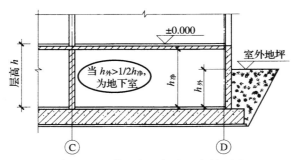

图 2.0.8 某工程局部地下室剖面图

2.0.9 半地下室 semi-basement

室内地平面低于室外地平面的高度超过室内净高的 1/3,且不超过 1/2 的房间。

2.0.10 架空层 stilt floor

仅有结构支撑而无外围护结构的开敞空间层。

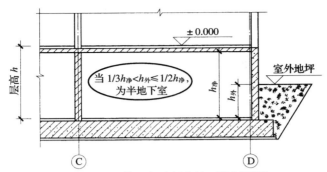

图 2.0.9　某工程局部半地下室剖面图

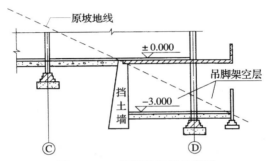

图 2.0.10　吊脚架空层示意图

2.0.11　走廊　corridor

建筑物中的水平交通空间。

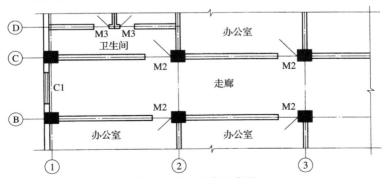

图 2.0.11　走廊示意图

2.0.12 架空走廊 elevated corridor

专门设置在建筑物的二层或二层以上,作为不同建筑物之间水平交通的空间。

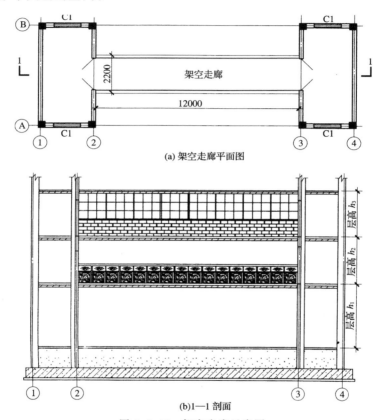

(a) 架空走廊平面图

(b)1—1 剖面

图 2.0.12 架空走廊示意图

2.0.13 结构层 structure layer

整体结构体系中承重的楼板层。

[注] 特指整体结构体系中承重的楼层,包括板、梁等构件。结构层承受整个楼层的全部荷载,并对楼层的隔声、防火等起主要作用。

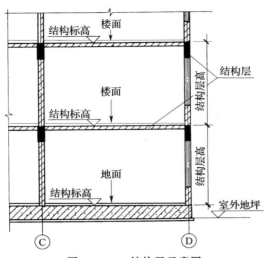

图 2.0.13 结构层示意图

2.0.14 落地橱窗　french window

突出外墙面且根基落地的橱窗。

[注] 落地橱窗是指在商业建筑临街面设置的下槛落地、可落在室外地坪也可落在室内首层地板,用来展览各种样品的玻璃窗。

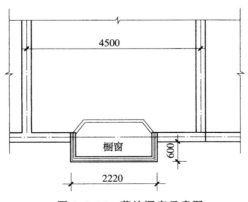

图 2.0.14 落地橱窗示意图

2.0.15 凸窗（飘窗）　　bay window

凸出建筑物外墙面的窗户。

[注]　凸窗（飘窗）既作为窗，就有别于楼（地）板的延伸，也就是不能把楼（地）板延伸出去的窗称为凸窗（飘窗）。凸窗（飘窗）的窗台应只是墙面的一部分，且距（楼）地面有一定的高度。

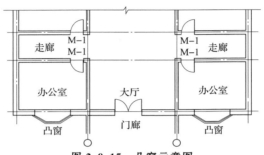

图 2.0.15　凸窗示意图

2.0.16 檐廊　　eaves gallery

建筑物挑檐下的水平交通空间。

[注]　檐廊是附属于建筑物底层外墙有屋檐作为顶盖，其下部一般有柱或栏杆、栏板等的水平交通空间。

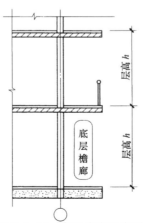

图 2.0.16　底层檐廊示意图

2.0.17 挑廊 overhanging corridor

挑出建筑物外墙的水平交通空间。

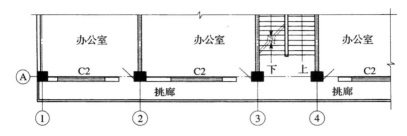

图 2.0.17 挑廊示意图

2.0.18 门斗 air lock

建筑物入口处两道门之间的空间。

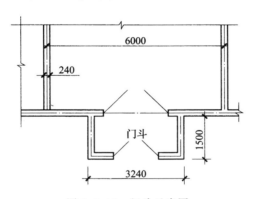

图 2.0.18 门斗示意图

2.0.19 雨篷 canopy

建筑出入口上方为遮挡雨水而设置的部件。

[注] 雨篷是指建筑物出入口上方、凸出墙面、为遮挡雨水而单独设立的建筑部件。雨篷划分为有柱雨篷(包括独立柱雨篷、多柱雨篷、柱墙混合支撑雨篷、墙支撑雨篷)和无柱雨篷(悬挑雨篷)。如凸出建筑物,且不单独设立顶盖,利用上层结构板(如楼板、阳台底板)进行遮挡,则不视为雨篷,不计算建筑面积。对于无柱雨篷,

如顶盖高度达到或超过两个楼层时,也不视为雨篷,不计算建筑面积。

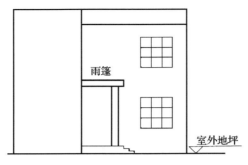

图 2.0.19 建筑物雨篷示意图

2.0.20 门廊 porch

建筑物入口前有顶棚的半围合空间。

[注] 门廊是在建筑物出入口,无门,三面或两面有墙,上部有板(或借用上部楼板)围护的部位。

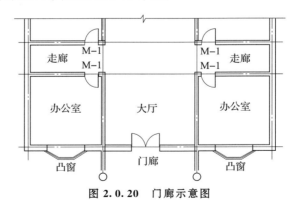

图 2.0.20 门廊示意图

2.0.21 楼梯 stairs

由连续行走的梯级、休息平台和维护安全的栏杆(或栏板)、扶手以及相应的支托结构组成的作为楼层之间垂直交通使用的建筑部件。

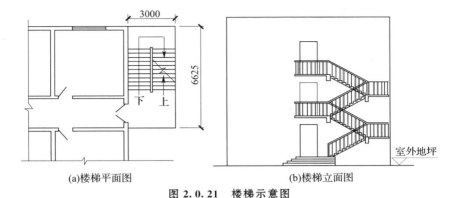

(a)楼梯平面图   (b)楼梯立面图

图 2.0.21 楼梯示意图

2.0.22 阳台 balcony

附设于建筑物外墙,设有栏杆或栏板,可供人活动的室外空间。

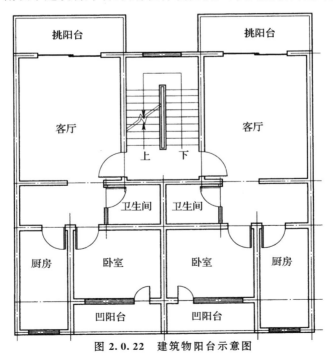

图 2.0.22 建筑物阳台示意图

2.0.23 主体结构 major structure

接受、承担和传递建设工程所有上部荷载,维持上部结构整体性、稳定性和安全性的有机联系的构造。

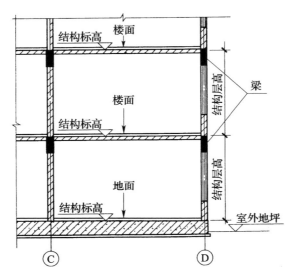

图 2.0.23 主体结构示意图

2.0.24 变形缝 deformation joint

防止建筑物在某些因素作用下引起开裂甚至破坏而预留的构造缝。

[注] 变形缝是指在建筑物因温差、不均匀沉降以及地震而可能引起结构破坏变形的敏感部位或其他必要的部位,预先设缝将建筑物断开,令断开后建筑物的各部分成为独立的单元,或者是划分为简单、规则的段,并令各段之间的缝达到一定的宽度,以能够适应变形的需要。根据外界破坏因素的不同,变形缝一般分为伸缩缝、沉降缝、抗震缝三种。

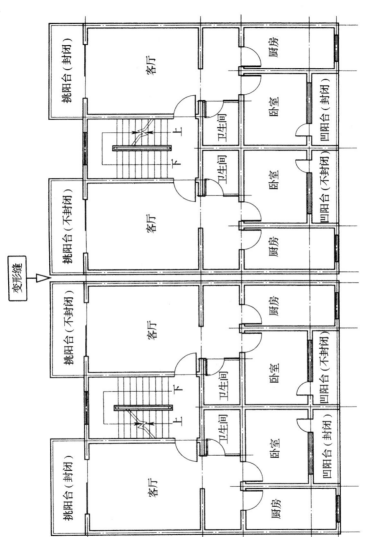

图 2.0.24　建筑物变形缝示意图

2.0.25 骑楼 overhang

建筑底层沿街面后退且留出公共人行空间的建筑物。

[注] 骑楼是指沿街二层以上用承重柱支撑骑跨在公共人行空间之上,其底层沿街面后退的建筑物。

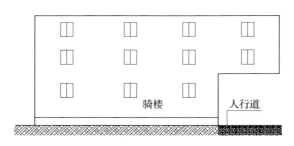

图 2.0.25 骑楼示意图

2.0.26 过街楼 overhead building

跨越道路上空并与两边建筑相连接的建筑物。

[注] 过街楼是指当有道路在建筑群穿过时,为保证建筑物之间的功能联系,设置跨越道路上空使两边建筑相连接的建筑物。

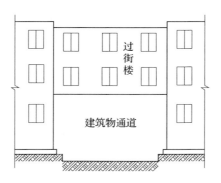

图 2.0.26 过街楼示意图

2.0.27 建筑物通道 passage

为穿过建筑物而设置的空间。

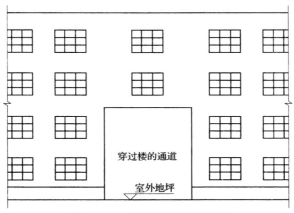

图 2.0.27　建筑物通道示意图

2.0.28　露台　　terrace

设置在屋面、首层地面或雨篷上的供人室外活动的有围护设施的平台。

[注]　露台应满足四个条件:一是位置,设置在屋面、地面或雨篷顶;二是可出入;三是有围护设施;四是无盖。这四个条件须同时满足。如果设置在首层并有围护设施的平台,且其上层为同体量阳台,则该平台应视为阳台,按阳台的规则计算建筑面积。

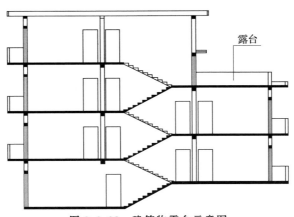

图 2.0.28　建筑物露台示意图

2.0.29　勒脚　　plinth

在房屋外墙接近地面部位设置的饰面保护构造。

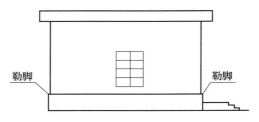

图 2.0.29　勒脚示意图

2.0.30　台阶　　step

联系室内外地坪或同楼层不同标高而设置的阶梯形踏步。

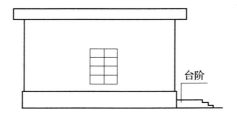

图 2.0.30　台阶示意图

3 计算建筑面积的规定

3.0.1 建筑物的建筑面积应按自然层外墙结构外围水平面积之和计算。结构层高在 2.20m 及以上的,应计算全面积;结构层高在 2.20m 以下的,应计算 1/2 面积。

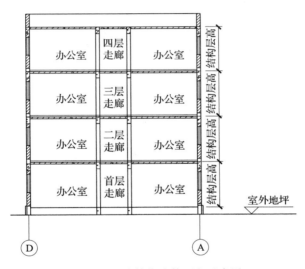

图 3.0.1 建筑物建筑面积示意图

3.0.2 建筑物内设有局部楼层时,对于局部楼层的二层及以上楼层,有围护结构的应按其围护结构外围水平面积计算,无围护结构的应按其结构底板水平面积计算。结构层高在 2.20m 及以上的,应计算全面积;结构层高在 2.20m 以下的,应计算 1/2 面积。

　　[例] 计算图 3.0.2 的建筑面积。

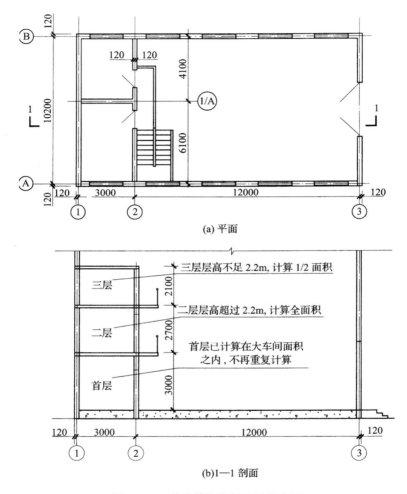

(a) 平面

(b)1—1 剖面

图 3.0.2 某建筑物局部楼层示意图

解:建筑面积 $S=10.440\times15.240+3.240\times10.440+3.240\times$
$10.440\times1/2=209.844(m^2)$

3.0.3 形成建筑空间的坡屋顶,结构净高在 2.10m 及以上的部
位应计算全面积;结构净高在 1.20m 及以上至 2.10m 以下的部位

应计算 1/2 面积;结构净高在 1.20m 以下的部位不应计算建筑面积。

[**例**]　计算图 3.0.3 的建筑面积。

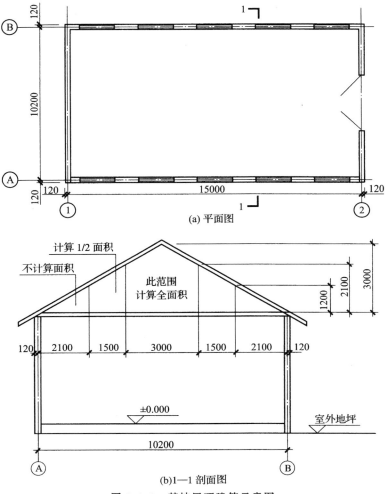

(a) 平面图

(b)1—1 剖面图

图 3.0.3　某坡屋顶建筑示意图

解:建筑面积 $S=10.440 \times 15.240 + 3.000 \times 15.240 + (1.500 \times 15.240) \times 1/2 \times 2 = 227.6856(m^2)$

3.0.4 场馆看台下的建筑空间,结构净高在 2.10m 及以上的部位应计算全面积;结构净高在 1.20m 及以上至 2.10m 以下的部位应计算 1/2 面积;结构净高在 1.20m 以下的部位不应计算建筑面积。室内单独设置的有围护设施的悬挑看台,应按看台结构底板水平投影面积计算建筑面积。有顶盖无围护结构的场馆看台应按其顶盖水平投影面积的 1/2 计算面积。

[**例**] 计算图 3.0.4 场馆看台下的建筑面积。

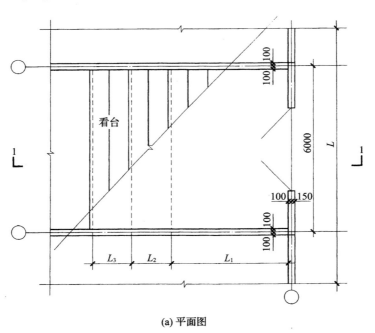

(a) 平面图

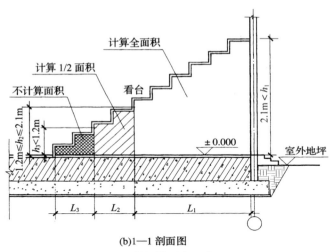

(b)1—1 剖面图

图 3.0.4 某场馆看台示意图

　　解:此场馆看台下建筑面积 $S = L_2 \times L \times 0.5 + L_1 \times L$

3.0.5 地下室、半地下室应按其结构外围水平面积计算。结构层高在 2.20m 及以上的,应计算全面积;结构层高在 2.20m 以下的,应计算 1/2 面积。

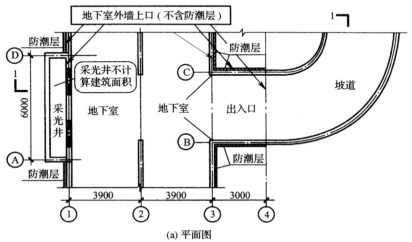

(a) 平面图

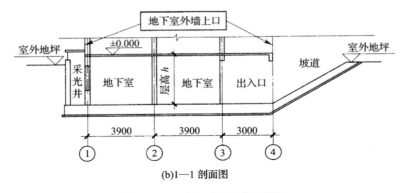

(b)1—1 剖面图

图 3.0.5 某地下室局部平面图

3.0.6 出入口外墙外侧坡道有顶盖的部位,应按其外墙结构外围水平面积的 1/2 计算面积。

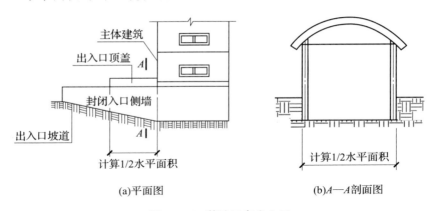

(a)平面图

(b)A—A剖面图

图 3.0.6 某地下室出入口

3.0.7 建筑物架空层及坡地建筑物吊脚架空层,应按其顶板水平投影计算建筑面积。结构层高在 2.20m 及以上的,应计算全面积;结构层高在 2.20m 以下的,应计算 1/2 面积。

[**例**] 计算图 3.0.7 中吊脚架空层的建筑面积。

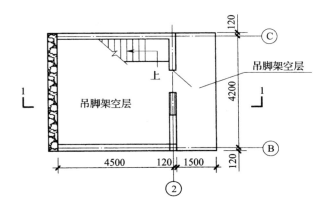

(a) 平面图

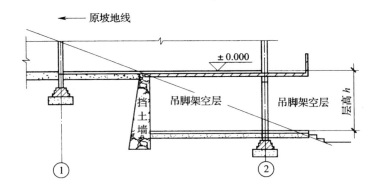

(b)1—1 剖面图

图 3.0.7 某建筑物吊脚架空层示意图

解：(1)当层高 $h \geqslant 2.2\text{m}$ 时：

建筑面积 $S=(4.5+0.12)\times(4.2+0.12\times2)+1.5\times(4.2+0.12\times2)=27.1728(\text{m}^2)$

(2)当层高 $h<2.2\text{m}$ 时：

建筑面积 $S = 1/2 \times [(4.5+0.12) \times (4.2+0.12 \times 2) + 1.5 \times (4.2+0.12 \times 2)] = 13.5864 (\text{m}^2)$

3.0.8 建筑物的门厅、大厅应按一层计算建筑面积,门厅、大厅内设置的走廊应按走廊结构底板水平投影面积计算建筑面积。结构层高在 2.20m 及以上的,应计算全面积;结构层高在 2.20m 以下的,应计算 1/2 面积。

〔例〕 如图 3.0.8 所示,某办公楼首层大厅部分无板,这部分大厅按一层计算建筑面积,门厅层高高于一层,也按一层计算建筑面积。

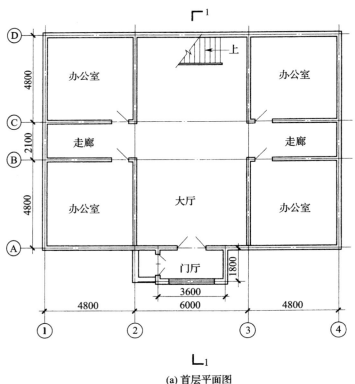

(a) 首层平面图

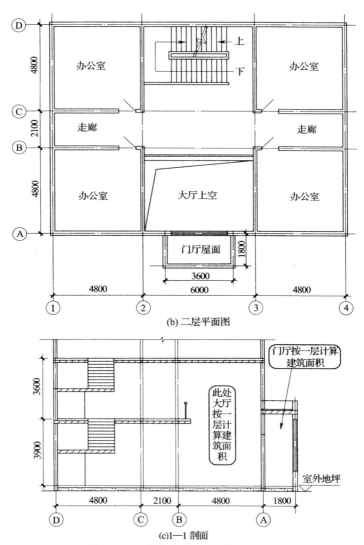

(b) 二层平面图

(c)1—1 剖面

图 3.0.8　某办公楼门厅、大厅示意图

3.0.9　建筑物间的架空走廊,有顶盖和围护结构的,应按其围护结构外围水平面积计算全面积;无围护结构、有围护设施的,应按

其结构底板水平投影面积计算 1/2 面积。

[**例**] 计算图 3.0.9 中架空走廊的建筑面积。

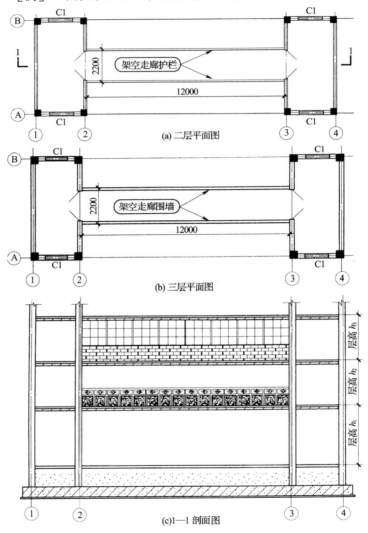

(a) 二层平面图

(b) 三层平面图

(c)1—1 剖面图

图 3.0.9 某架空走廊示意图

解：$S_{二层架空走廊}=0.5\times12\times2.2=13.2(m^2)$

$S_{三层架空走廊}=12\times2.2=26.4(m^2)$

3.0.10 立体书库、立体仓库、立体车库，有围护结构的，应按其围护结构外围水平面积计算建筑面积；无围护结构、有围护设施的，应按其结构底板水平投影面积计算建筑面积。无结构层的应按一层计算，有结构层的应按其结构层面积分别计算。结构层高在2.20m及以上的，应计算全面积；结构层高在2.20m以下的，应计算1/2面积。

〔**例**〕 计算图3.0.10中立体书架的建筑面积。

解：由图3.0.10(b)所示，此立体书架的结构层高小于2.2m，则 $S_{立体书架}=0.5\times4.5\times1\times5\times4=45(m^2)$

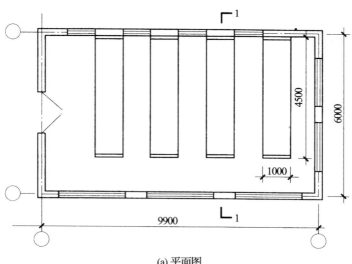

(a)平面图

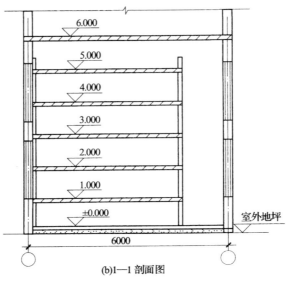

(b)1—1剖面图

图 3.0.10　某立体书架示意图

3.0.11　有围护结构的舞台灯光控制室,应按其围护结构外围水平面积计算。结构层高在 2.20m 及以上的,应计算全面积;结构层高在 2.20m 以下的,应计算 1/2 面积。

〔例〕　计算图 3.0.11 中灯光控制室的建筑面积。

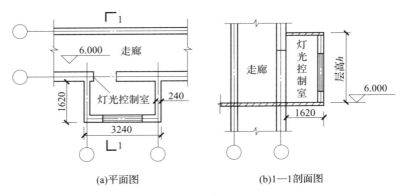

(a)平面图　　　　　(b)1—1剖面图

图 3.0.11　某灯光控制室示意图

解:(1)当层高 $h \geqslant 2.2\text{m}$ 时:

$$建筑面积 \, S = 3.24 \times 1.62 = 5.2488 (\text{m}^2)$$

(2)层高 $h < 2.2\text{m}$ 时:

$$建筑面积 \, S = 3.24 \times 1.62 \times 0.5 = 2.6244 (\text{m}^2)$$

3.0.12 附属在建筑物外墙的落地橱窗,应按其围护结构外围水平面积计算。结构层高在 2.20m 及以上的,应计算全面积;结构层高在 2.20m 以下的,应计算 1/2 面积。

[例] 计算图 3.0.12 中落地橱窗的建筑面积。

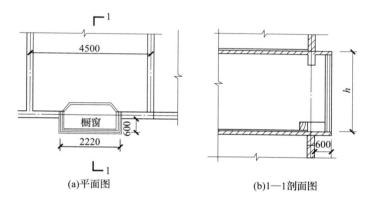

(a)平面图   (b)1—1剖面图

图 3.0.12　某落地橱窗示意图

解:(1)当层高 $h \geqslant 2.2\text{m}$ 时:

$$S_{橱窗} = 0.6 \times 2.22 = 1.332 (\text{m}^2)$$

(2)层高 $h < 2.2\text{m}$ 时:

$$S_{橱窗} = 0.5 \times 0.6 \times 2.22 = 0.666 (\text{m}^2)$$

3.0.13 窗台与室内楼地面高差在 0.45m 以下且结构净高在 2.10m 及以上的凸(飘)窗,应按其围护结构外围水平面积计算 1/2 面积。

[例] 计算图 3.0.13 中凸窗的建筑面积。

解:当窗台与室内楼地面高差 $h_1 < 0.45\text{m}$ 且 $h_2 \geqslant 2.1\text{m}$ 时:

$$S_{凸窗} = 0.5 \times (0.6 \times 0.98 \times 1/2) \times 2 + 0.6 \times 0.9 \times 0.5 = 0.564 (\text{m}^2)$$

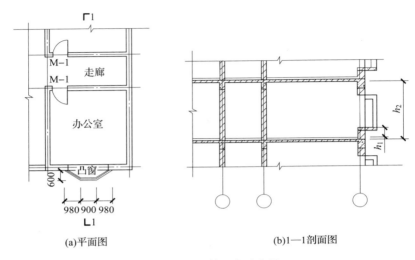

(a)平面图　　　　　　　　　　　(b)1—1剖面图

图 3.0.13　某凸窗示意图

3.0.14　有围护设施的室外走廊(挑廊),应按其结构底板水平投影面积计算 1/2 面积;有围护设施(或柱)的檐廊,应按其围护设施(或柱)外围水平面积计算 1/2 面积。

〔例〕　计算图 3.0.14 中挑廊的建筑面积。

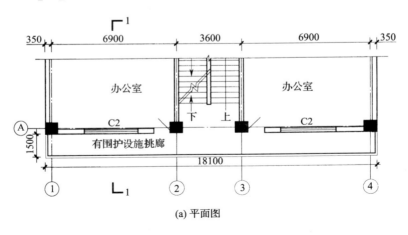

(a) 平面图

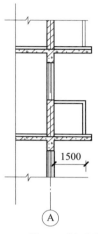

(b) 1—1剖面图

图 3.0.14 某室外走廊示意图

解:$S_{挑廊}=18.1\times1.5\times0.5=13.575(m^2)$

3.0.15 门斗应按其围护结构外围水平面积计算建筑面积。结构层高在 2.20m 及以上的,应计算全面积;结构层高在 2.20m 以下的,应计算 1/2 面积。

[例] 计算图 3.0.15 中门斗的建筑面积。

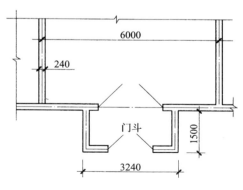

图 3.0.15 门斗示意图

解:(1)当结构层高≥2.2m时:

$$S_{门斗}=3.24\times1.5=4.86(m^2)$$

(2)当结构层高<2.2m时:

$$S_{门斗}=3.24\times1.5\times0.5=2.43(m^2)$$

3.0.16 门廊应按其顶板的水平投影面积的1/2计算建筑面积;有柱雨篷应按其结构板水平投影面积的1/2计算建筑面积;无柱雨篷的结构外边线至外墙结构外边线的宽度在2.10m及以上的,应按雨篷结构板的水平投影面积的1/2计算建筑面积。

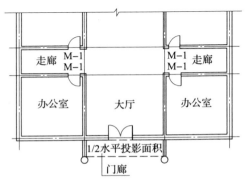

图 3.0.16-1 门廊建筑面积示意图

[**例**] 计算图3.0.16-2中雨篷的建筑面积。

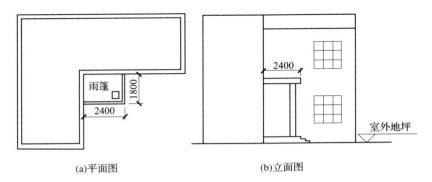

(a)平面图 (b)立面图

图 3.0.16-2 雨篷示意图

解：此雨篷为有柱雨篷，应按结构板水平投影面积的1/2计算面积。

$$S_{雨篷} = 2.4 \times 1.8 \times 0.5 = 2.16(m^2)$$

3.0.17 设在建筑物顶部的、有围护结构的楼梯间、水箱间、电梯机房等，结构层高在2.20m及以上的应计算全面积；结构层高在2.20m以下的，应计算1/2面积。

[注] 如遇建筑物屋顶的楼梯间是坡屋顶，应按坡屋顶的相关条文计算面积。

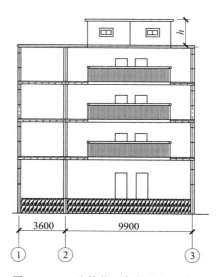

图3.0.17 建筑物顶部楼梯间示意图

3.0.18 围护结构不垂直于水平面的楼层，应按其底板面的外墙外围水平面积计算。结构净高在2.10m及以上的部位，应计算全面积；结构净高在1.20m及以上至2.10m以下的部位，应计算1/2面积；结构净高在1.20m以下的部位，不应计算建筑面积。

[例] 计算图3.0.18中建筑物一、二层的建筑面积。

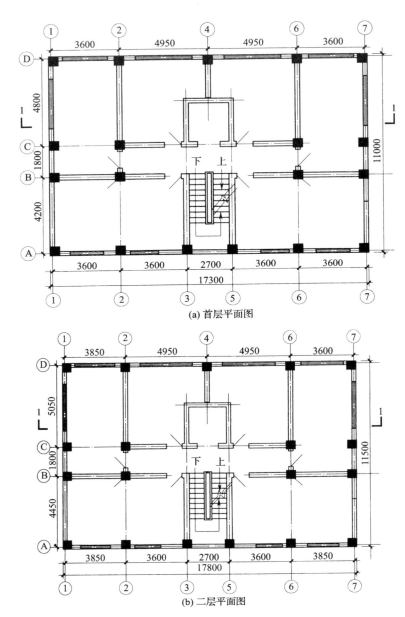

(a) 首层平面图

(b) 二层平面图

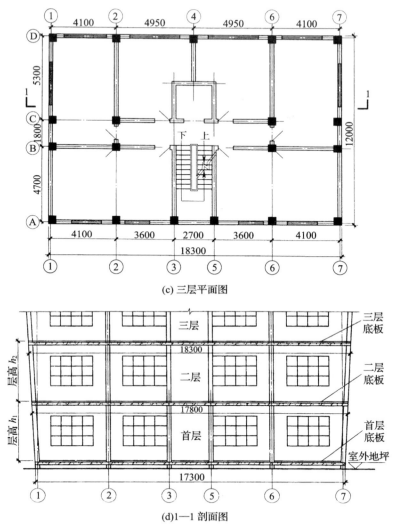

(c) 三层平面图

(d)1—1 剖面图

图 3.0.18　某建筑物楼层示意图

解：(1)当层高 h_1(或 h_2)$\geqslant$2.10m 时,应计算底板外围全面积。

首层建筑面积＝17.3×11＝190.3(m^2)

二层建筑面积＝17.8×11.5＝204.7(m²)

（2）当层高 1.20m≤h_1（或 h_2）<2.10m 时,应计算底板外围 1/2 面积。

首层建筑面积＝17.3×11×0.5＝95.15(m²)

二层建筑面积＝17.8×11.5×0.5＝102.35(m²)

（3）当层高 h_1（或 h_2）<1.20m 时,不计算面积。

3.0.19 建筑物的室内楼梯、电梯井、提物井、管道井、通风排气竖井、烟道,应并入建筑物的自然层计算建筑面积。有顶盖的采光井应按一层计算面积,结构净高在 2.10m 及以上的,应计算全面积,结构净高在 2.10m 以下的,应计算 1/2 面积。

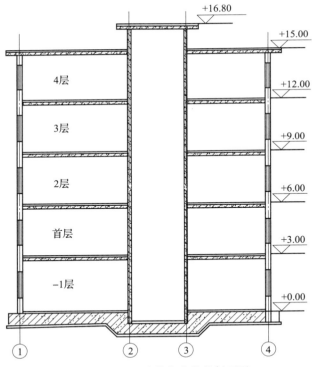

图 3.0.19-1　建筑物电梯井剖面图

[注] 图 3.0.19-1 所示的电梯井应按 5 层计算建筑面积。

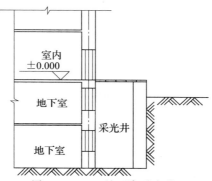

图 3.0.19-2 地下室采光井

注:图 3.0.19-2 中的采光井应按一层计算建筑面积。

3.0.20 室外楼梯应并入所依附建筑物自然层,并应按其水平投影面积的 1/2 计算建筑面积。

[例] 计算图 3.0.20 中室外楼梯的建筑面积。

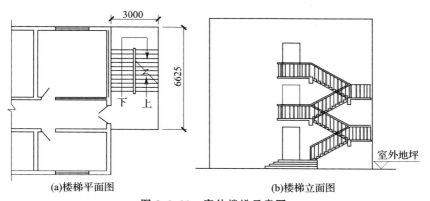

(a)楼梯平面图   (b)楼梯立面图

图 3.0.20 室外楼梯示意图

解:$S_{室外楼梯}=3\times6.625\times2\times0.5=19.875(m^2)$

3.0.21 在主体结构内的阳台,应按其结构外围水平面积计算全面积;在主体结构外的阳台,应按其结构底板水平投影面积计算 1/2 面积。

[例] 计算图 3.0.21 中阳台的建筑面积。

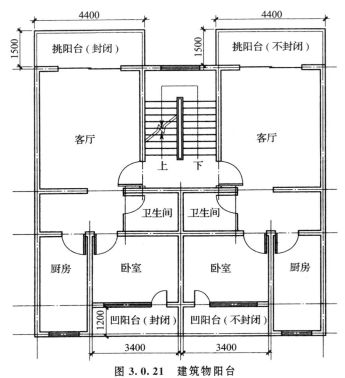

图 3.0.21 建筑物阳台

　　解:(1)凹阳台属于在主体结构内的阳台,应按其结构外围水平面积计算全面积。

$$S_{凹阳台}=3.4×1.2×2=8.16(m^2)$$

　　(2)挑阳台属于主体结构外的阳台,应按其结构底板水平投影面积计算1/2面积。

$$S_{挑阳台}=4.4×1.5×2×1/2=6.6(m^2)$$

　　(3)此建筑物阳台建筑面积:

$$S_{阳台}=S_{凹阳台}+S_{挑阳台}=8.16+6.6=14.76(m^2)$$

3.0.22　有顶盖无围护结构的车棚、货棚、站台、加油站、收费站等,应按其顶盖水平投影面积的1/2计算建筑面积。

　　[例]　计算图 3.0.22 中站台的建筑面积。

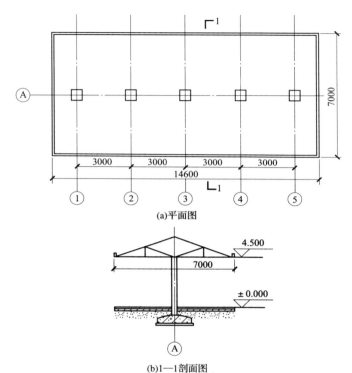

(a)平面图

(b)1—1剖面图

图3.0.22 某站台示意图

解: $S_{站台} = 14.6 \times 7 \times 0.5 = 51.1 (m^2)$

3.0.23 以幕墙作为围护结构的建筑物,应按幕墙外边线计算建筑面积。

[注] 幕墙通常有两种,围护性幕墙和装饰性幕墙,围护性幕墙计算建筑面积,装饰性幕墙一般贴在墙外皮,其厚度不再计算建筑面积,见图3.0.23。

3.0.24 建筑物的外墙外保温层,应按其保温材料的水平截面积计算,并计入自然层建筑面积。

[注] 图3.0.24中建筑物外墙有保温层,其建筑面积应计算到保温层外边线。

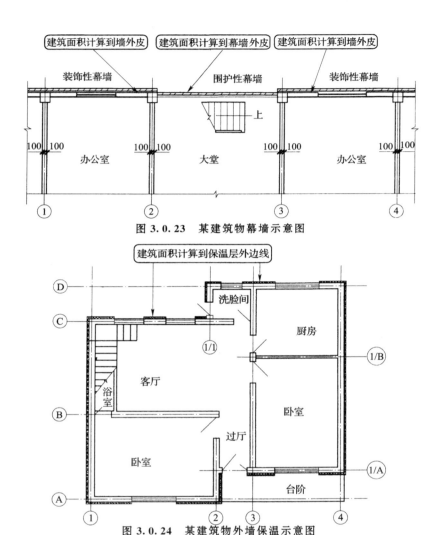

图 3.0.23　某建筑物幕墙示意图

图 3.0.24　某建筑物外墙保温示意图

3.0.25 与室内相通的变形缝,应按其自然层合并在建筑物建筑面积内计算。对于高低联跨的建筑物,当高低跨内部连通时,其变形缝应计算在低跨面积内。

[注]　图 3.0.25-1 中的变形缝应按自然层计算建筑面积。

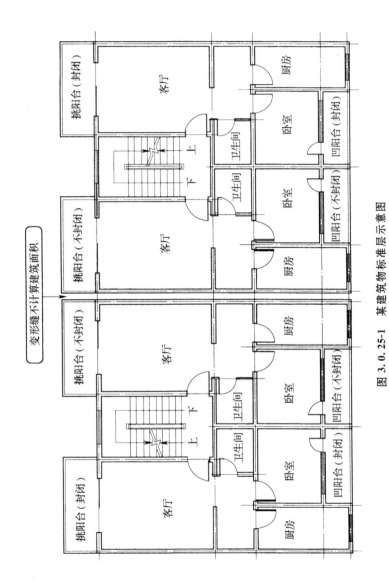

图 3.0.25-1 某建筑物标准层示意图

[例] 计算图 3.0.25-2 中高低跨职工食堂的建筑面积。

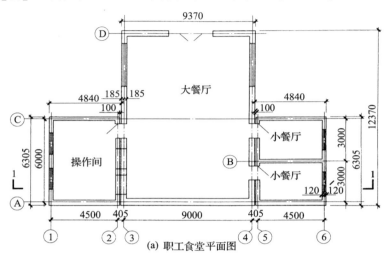

(a) 职工食堂平面图

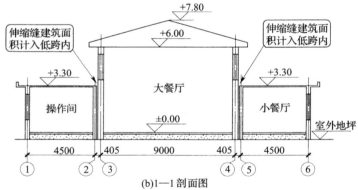

(b)1—1剖面图

图 3.0.25-2 某高低跨职工食堂示意图

解: $S_{大餐厅}=9.37\times12.37=115.9069(m^2)$

$S_{操作间+小餐厅}=4.84\times6.305\times2=61.0324(m^2)$

$S_{食堂}=S_{大餐厅}+S_{操作间+小餐厅}=115.9069+61.0324=176.9393(m^2)$

3.0.26 对于建筑物内的设备层、管道层、避难层等有结构层的楼层,结构层高在 2.20m 及以上的,应计算全面积;结构层高在 2.20m

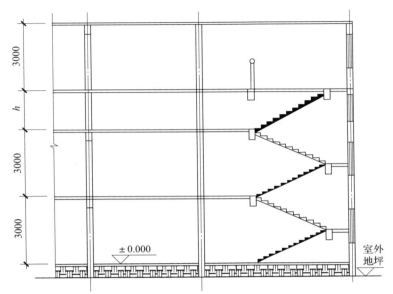

图 3.0.26 建筑物设备层示意图

以下的,应计算 1/2 面积。

3.0.27 下列项目不应计算建筑面积:

    1 与建筑物内不相连通的建筑部件;

    2 骑楼、过街楼底层的开放公共空间和建筑物通道;

    3 舞台及后台悬挂幕布和布景的天桥、挑台等;

    4 露台、露天游泳池、花架、屋顶的水箱及装饰性结构构件;

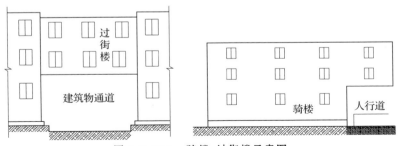

图 3.0.27-1 骑楼、过街楼示意图

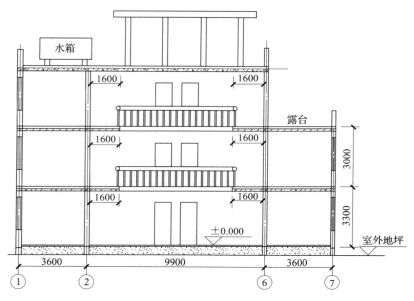

图 3.0.27-2　建筑物屋顶水箱、露台平面图

5 建筑物内的操作平台、上料平台、安装箱和罐体的平台;

图 3.0.27-3　某车间操作平台示意图

6 勒脚、附墙柱、垛、台阶、墙面抹灰、装饰面、镶贴块料面层、装饰性幕墙,主体结构外的空调室外机搁板(箱)、构件、配件,挑出宽度在 2.10m 以下的无柱雨篷和顶盖高度达到或超过两个楼层的无柱雨篷;

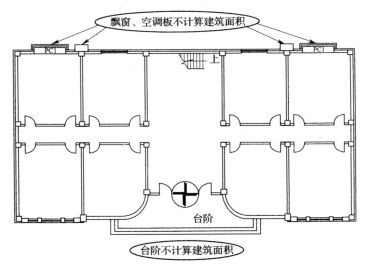

图 3.0.27-4　建筑物首层平面图

7 窗台与室内地面高差在 0.45m 以下且结构净高在 2.10m 以下的凸(飘)窗,窗台与室内地面高差在 0.45m 及以上的凸(飘)窗;

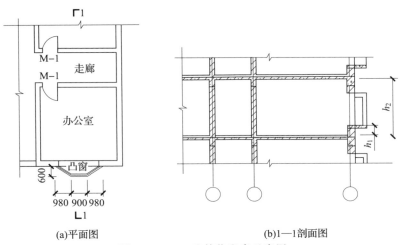

(a)平面图　　　　　　　(b)1—1剖面图

图 3.0.27-5　建筑物飘窗示意图

8 室外爬梯、室外专用消防钢楼梯；

[**注**] 室外钢楼梯需要区分具体用途,如果专用于消防的楼梯,则不计算建筑面积;如果是建筑物唯一通道,兼用于消防,则需要按本规范第 3.0.20 条计算建筑面积。

9 无围护结构的观光电梯；

10 建筑物以外的地下人防通道,独立的烟囱、烟道、地沟、油(水)罐、气柜、水塔、贮油(水)池、贮仓、栈桥等构筑物。

附录

中华人民共和国国家标准

建筑工程建筑面积计算规范

GB/T 50353-2013

条 文 说 明

1 总 则

1.0.1 我国的《建筑面积计算规则》最初是在 20 世纪 70 年代制订的,之后根据需要进行了多次修订。1982 年,国家经委基本建设办公室(82)经基设字 58 号印发了《建筑面积计算规则》,对 20 世纪 70 年代制订的《建筑面积计算规则》进行了修订。1995 年建设部发布《全国统一建筑工程预算工程量计算规则》(土建工程 GJD$_{GZ}$—101—95),其中含建筑面积计算规则的内容,是对 1982 年的《建筑面积计算规则》进行的修订。2005 年,建设部以国家标准的形式发布了《建筑工程建筑面积计算规范》GB/T 50353—2005。

此次修订是在总结《建筑工程建筑面积计算规范》GB/T 50353—2005实施情况的基础上进行的。鉴于建筑发展中出现的新结构、新材料、新技术、新的施工方法,为了解决由于建筑技术的发展产生的面积计算问题,本着不重算、不漏算的原则,对建筑面积的计算范围和计算方法进行了修改、统一和完善。

1.0.2 本条规定了本规范的适用范围。条文中所称"建设全过程"是指从项目建议书、可行性研究报告至竣工验收、交付使用的过程。

2 术　　语

2.0.1　建筑面积包括附属于建筑物的室外阳台、雨篷、檐廊、室外走廊、室外楼梯等的面积。

2.0.5　具备可出入、可利用条件(设计中可能标明了使用用途,也可能没有标明使用用途或使用用途不明确)的围合空间,均属于建筑空间。

2.0.13　特指整体结构体系中承重的楼层,包括板、梁等构件。结构层承受整个楼层的全部荷载,并对楼层的隔声、防火等起主要作用。

2.0.14　落地橱窗是指在商业建筑临街面设置的下槛落地、可落在室外地坪也可落在室内首层地板,用来展览各种样品的玻璃窗。

2.0.15　凸窗(飘窗)既作为窗,就有别于楼(地)板的延伸,也就是不能把楼(地)板延伸出去的窗称为凸窗(飘窗)。凸窗(飘窗)的窗台应只是墙面的一部分且距(楼)地面应有一定的高度。

2.0.16　檐廊是附属于建筑物底层外墙有屋檐作为顶盖,其下部一般有柱或栏杆、栏板等的水平交通空间。

2.0.19　雨篷是指建筑物出入口上方、凸出墙面、为遮挡雨水而单独设立的建筑部件。雨篷划分为有柱雨篷(包括独立柱雨篷、多柱雨篷、柱墙混合支撑雨篷、墙支撑雨篷)和无柱雨篷(悬挑雨篷)。如凸出建筑物,且不单独设立顶盖,利用上层结构板(如楼板、阳台底板)进行遮挡,则不视为雨篷,不计算建筑面积。对于无柱雨篷,如顶盖高度达到或超过两个楼层时,也不视为雨篷,不计算建筑面积。

2.0.20　门廊是在建筑物出入口,无门,三面或二面有墙,上部有板(或借用上部楼板)围护的部位。

2.0.24 变形缝是指在建筑物因温差、不均匀沉降以及地震而可能引起结构破坏变形的敏感部位或其他必要的部位,预先设缝将建筑物断开,令断开后建筑物的各部分成为独立的单元,或者是划分为简单、规则的段,并令各段之间的缝达到一定的宽度,以能够适应变形的需要。根据外界破坏因素的不同,变形缝一般分为伸缩缝、沉降缝、抗震缝三种。

2.0.25 骑楼是指沿街二层以上用承重柱支撑骑跨在公共人行空间之上,其底层沿街面后退的建筑物。

2.0.26 过街楼是指当有道路在建筑群穿过时为保证建筑物之间的功能联系,设置跨越道路上空使两边建筑相连接的建筑物。

2.0.28 露台应满足四个条件:一是位置,设置在屋面、地面或雨篷顶;二是可出入;三是有围护设施;四是无盖。这四个条件须同时满足。如果设置在首层并有围护设施的平台,且其上层为同体量阳台,则该平台应视为阳台,按阳台的规则计算建筑面积。

2.0.30 台阶是指建筑物出入口不同标高地面或同楼层不同标高处设置的供人行走的阶梯式连接构件。室外台阶还包括与建筑物出入口连接处的平台。

3 计算建筑面积的规定

3.0.1 建筑面积计算，在主体结构内形成的建筑空间，满足计算面积结构层高要求的均应按本条规定计算建筑面积。主体结构外的室外阳台、雨篷、檐廊、室外走廊、室外楼梯等按相应条款计算建筑面积。当外墙结构本身在一个层高范围内不等厚时，以楼地面结构标高处的外围水平面积计算。

3.0.2 建筑物内的局部楼层见图1。

图 1 建筑物内的局部楼层

1—围护设施；2—围护结构；3—局部楼层

3.0.4 场馆看台下的建筑空间因其上部结构多为斜板，所以采用净高的尺寸划定建筑面积的计算范围和对应规则。室内单独设置的有围护设施的悬挑看台，因其看台上部设有顶盖且可供人使用，所以按看台板的结构底板水平投影计算建筑面积。"有顶盖无围护结构的场馆看台"中所称的"场馆"为专业术语，指各种"场"类建筑，如：体育场、足球场、网球场、带看台的风雨操场等。

3.0.5 地下室作为设备、管道层按本规范第3.0.26条执行，地下室的各种竖向井道按本规范第3.0.19条执行，地下室的围护结构不垂直于水平面的按本规范第3.0.18条规定执行。

3.0.6 出入口坡道分有顶盖出入口坡道和无顶盖出入口坡道,出入口坡道顶盖的挑出长度,为顶盖结构外边线至外墙结构外边线的长度;顶盖以设计图纸为准,对后增加及建设单位自行增加的顶盖等,不计算建筑面积。顶盖不分材料种类(如钢筋混凝土顶盖、彩钢板顶盖、阳光板顶盖等)。地下室出入口见图2。

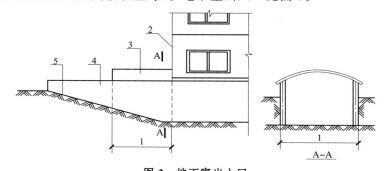

图2 地下室出入口

1—计算1/2投影面积部位;2—主体建筑;3—出入口顶盖;
4—封闭出入口侧墙;5—出入口坡道

3.0.7 本条既适用于建筑物吊脚架空层、深基础架空层建筑面积的计算,也适用于目前部分住宅、学校教学楼等工程在底层架空或在二楼或以上某个甚至多个楼层架空,作为公共活动、停车、绿化等空间的建筑面积的计算。架空层中有围护结构的建筑空间按相关规定计算。建筑物吊脚架空层见图3。

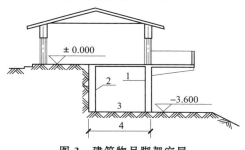

图3 建筑物吊脚架空层

1—柱;2—墙;3—吊脚架空层;4—计算建筑面积部位

3.0.9 无围护结构的架空走廊见图4,有围护结构的架空走廊见图5。

(a)   (b)

图4 无围护结构的架空走廊
1—栏杆;2—架空走廊

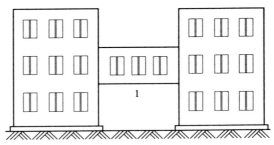

图5 有围护结构的架空走廊
1—架空走廊

3.0.10 本条主要规定了图书馆中的立体书库、仓储中心的立体仓库、大型停车场的立体车库等建筑的建筑面积计算规则。起局部分隔、存储等作用的书架层、货架层或可升降的立体钢结构停车层均不属于结构层,故该部分分层不计算建筑面积。

3.0.14 檐廊见图6。

3.0.15 门斗见图7。

3.0.16 雨篷分为有柱雨篷和无柱雨篷。有柱雨篷,没有出挑宽度的限制,也不受跨越层数的限制,均计算建筑面积。无柱雨篷,其结构板不能跨层,并受出挑宽度的限制,设计出挑宽度大于或等

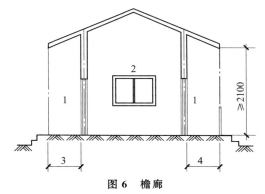

图 6　檐廊

1—檐廊;2—室内;3—不计算建筑面积部位;4—计算 1/2 建筑面积部位

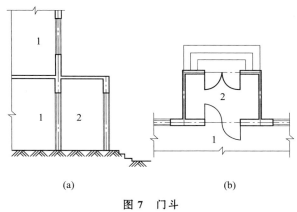

(a) (b)

图 7　门斗

1—室内;2—门斗

于 2.10m 时才计算建筑面积。出挑宽度,系指雨篷结构外边线至外墙结构外边线的宽度,弧形或异形时,取最大宽度。

3.0.18　《建筑工程建筑面积计算规范》GB/T 50353—2005 条文中仅对围护结构向外倾斜的情况进行了规定,本次修订后的条文对于向内、向外倾斜均适用。在划分高度上,本条使用的是结构净高,与其他正常平楼层按层高划分不同,但与斜屋面的划分原则一致。由于目前很多建筑设计追求新、奇、特,造型越来越复杂,很多时候根本无法明确区分什么是围护结构、什么是屋顶,因此对于斜围护结构与斜屋顶采用相同的计算规则,即只要外壳倾斜,就按结构净高划段,分别计算建筑面积。斜围护结构见图8。

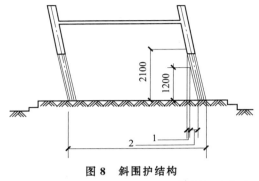

图8 斜围护结构

1—计算1/2建筑面积部位;2—不计算建筑面积部位

3.0.19 建筑物的楼梯间层数按建筑物的层数计算。有顶盖的采光井包括建筑物中的采光井和地下室采光井。地下室采光井见图9。

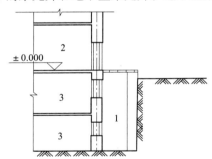

图9 地下室采光井

1—采光井;2—室内;3—地下室

3.0.20 室外楼梯作为连接该建筑物层与层之间交通不可缺少的基本部件,无论从其功能还是工程计价的要求来说,均需计算建筑面积。层数为室外楼梯所依附的楼层数,即梯段部分投影到建筑物范围的层数。利用室外楼梯下部的建筑空间不得重复计算建筑面积;利用地势砌筑的为室外踏步,不计算建筑面积。

3.0.21 建筑物的阳台,不论其形式如何,均以建筑物主体结构为界分别计算建筑面积。

3.0.23 幕墙以其在建筑物中所起的作用和功能来区分。直接作为外墙起围护作用的幕墙,按其外边线计算建筑面积;设置在建筑物墙体外起装饰作用的幕墙,不计算建筑面积。

3.0.24 为贯彻国家节能要求,鼓励建筑外墙采取保温措施,本规范将保温材料的厚度计入建筑面积,但计算方法较 2005 年规范有一定变化。建筑物外墙外侧有保温隔热层的,保温隔热层以保温材料的净厚度乘以外墙结构外边线长度按建筑物的自然层计算建筑面积,其外墙外边线长度不扣除门窗和建筑物外已计算建筑面积构件(如阳台、室外走廊、门斗、落地橱窗等部件)所占长度。当建筑物外已计算建筑面积的构件(如阳台、室外走廊、门斗、落地橱窗等部件)有保温隔热层时,其保温隔热层也不再计算建筑面积。外墙是斜面者按楼面楼板处的外墙外边线长度乘以保温材料的净厚度计算。外墙外保温以沿高度方向满铺为准,某层外墙外保温铺设高度未达到全部高度时(不包括阳台、室外走廊、门斗、落地橱窗、雨篷、飘窗等),不计算建筑面积。保温隔热层的建筑面积是以保温隔热材料的厚度来计算的,不包含抹灰层、防潮层、保护层(墙)的厚度。建筑外墙外保温见图 10。

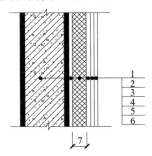

图 10 建筑外墙外保温

1—墙体;2—黏结胶浆;3—保温材料;4—标准网;

5—加强网;6—抹面胶浆;7—计算建筑面积部位

3.0.25 本规范所指的与室内相通的变形缝,是指暴露在建筑物内,在建筑物内可以看得见的变形缝。

3.0.26 设备层、管道层虽然其具体功能与普通楼层不同,但在结构上及施工消耗上并无本质区别,且本规范定义自然层为"按楼地面结构分层的楼层",因此设备、管道楼层归为自然层,其计算规则与普通楼层相同。在吊顶空间内设置管道的,则吊顶空间部分不能被视为设备层、管道层。

3.0.27 本条规定了不计算建筑面积的项目:

1 本款指的是依附于建筑物外墙外不与户室开门连通,起装饰作用的敞开式挑台(廊)、平台,以及不与阳台相通的空调室外机搁板(箱)等设备平台部件;

2 骑楼见图11,过街楼见图12;

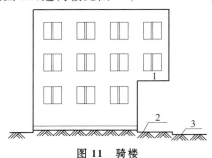

图 11 骑楼

1—骑楼;2—人行道;3—街道

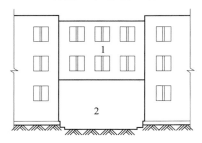

图 12 过街楼

1—过街楼;2—建筑物通道